T0082606

NUMBERS THE ALGEBRAIC FORMULA

COMBINATIONS TO THE LOTTERY

"Never abuse any of them!!! You must have discipline to keep them all!!!"

EDUCATION IS KNOWLEDGE
KNOWLEDGE IS POWER
POWER IS MONEY

"Be mindful and never let anything deceive the way you think. Including MONEY"

ANTHONY LONG

NUMBERS THE ALGEBRAIC FORMULA

COMBINATIONS TO THE LOTTERY

ANTHONY LONG

authorHOUSE®

AuthorHouse™
1663 Liberty Drive
Bloomington, IN 47403
www.authorhouse.com
Phone: 1 (800) 839-8640

Published by AuthorHouse 03/20/2017

ISBN: 978-1-5246-8472-3 (sc)
ISBN: 978-1-5246-8471-6 (e)

Print information available on the last page.

About the Author

My name is Anthony Long. I'm a small business entrepreneur in Kansas City in the fashion and media industry I have been fascinated with numbers ever since I was a child I remember telling my grandmother Minnie Lee McDonald that I was going to create a way to win the lottery and her remarks were if you say you are "I believe you". I was born and raised in the city of St. Louis in the year of 1968 which I resided in until I was 24 years of age then life took a turn for me which led me to join the United States Army and served six years. I studied business management, criminal justice; procedural law and paralegal practice which helped me contribute to the knowledge of creating this book slash program to enhance your chances of winning the lottery. I took microcomputers to better serve my needs to build this program. Now that I have mastered it, I I'm ready to release it to the public. I currently live in Kansas City Missouri with my daughter Makayla. I'm a single father for the moment and I look forward to raising a beautiful daughter through co-parenting with her mother who is a very good friend of mine for life. I want to thank all of you who have bought my book and those of you that thought about it and most of all I give thanks to God for the blessings and skills that he has allowed me to obtain.

And with that said I dedicate this book to my lovely grandmother who will never be forgotten regardless of how much I speak of her. She's one-of-a-kind phenomenal lady. "Minnie Lee McDonald".

Love Is Free and it doesn't cost a dime, so if you win one of these lottery games by using this book please share your wealth as she did daily.

God gave us all the knowledge to learn and succeed in anything we want, but it is up to each individual to capture their own success. I was inspired to make this book when I was fifteen years old. But I didn't have the knowledge at that time. I became consumed with numbers and realized that numbers is what practically laid the foundation for everything. The metric system, time, work schedule, how much sleep we get, medicine dosage, the anatomy of the body organisms, distance, temperature, history of earth, space, creation of life, chemistry, mechanical technology, computer technology and many more things can be named that exist because of numbers. So don't just think of numbers when it comes to wealth. Think about life's creation came from the number 2. Just think for a moment if two people can make one, and sometimes even multiple lives. We as a whole nation can win with unity and make a difference in everyone life.

"Make everyone wealthy by bringing about world peace."
"Education is knowledge, knowledge is power and power is money".
"Never abuse any of them. You must have discipline
to maintain and keep all of them."
"Be mindful and never let anything deceive
the way you think. Including money."

"Currency is the root of evil if misused and could also
be the key element to survival and success".
"But always remember that love conquers all, so love but whatever
you do and be good at whatever you do in order to be successful".
These charts below are just a few of the combinations available.
For the full version
Please fill out the enclosed requisition form and mail
it to: 2619 Chestnut Avenue, KCMO 64127

CLUB KENO

21	39	45	79	1	8	63	44
77	34	79	5	25	7	4	8
21	20	49	32	6	32	73	64
52	68	28	64	57	39	37	41
21	16	41	78	32	4	10	14
14	50	47	25	57	70	57	1
67	62	41	75	66	6	22	59
58	33	61	17	40	59	62	31
17	37	19	38	57	20	20	77
3	71	1	40	37	59	20	64
24	63	20	60	14	67	75	66
38	19	67	18	28	55	74	1
38	31	40	73	50	20	38	68
31	9	22	14	24	76	0	4
30	7	70	76	39	65	33	67
36	35	58	77	17	75	64	18
16	3	2	35	39	54	60	37
64	34	49	20	35	55	77	4
57	30	16	20	0	29	76	26
43	53	14	43	0	23	4	77
7	33	3	36	74	48	51	43
1	46	26	49	0	10	77	46
47	14	52	39	18	47	76	27
23	60	76	55	23	58	40	51
33	62	51	32	42	1	19	24
41	13	8	54	57	41	6	7

41	44	55	1	40	73	67	17
30	27	39	24	76	46	9	38
52	16	61	61	25	2	40	39
66	64	7	36	68	56	11	1
23	22	60	9	50	16	23	18
31	59	42	33	6	72	33	14
58	75	44	60	78	79	69	14
46	15	71	57	13	28	35	77
49	58	42	24	79	33	78	41
53	28	58	61	78	76	52	25
76	26	45	33	37	38	1	71
55	47	65	72	10	4	59	43
40	77	10	67	58	47	42	71
73	50	0	69	54	11	9	14
66	8	30	53	58	72	65	70

45	58	48	23	24	49	77	37
62	34	52	39	45	20	46	62
59	55	19	20	36	67	56	56
66	20	75	15	18	53	33	62
50	36	5	72	66	22	51	35
19	79	58	74	51	63	53	62
80	78	79	30	67	50	7	33
17	30	22	17	61	68	19	23
2	47	31	18	22	52	42	48
40	71	66	73	47	20	54	36
70	13	71	40	42	34	12	14
77	17	9	58	44	44	56	65
78	76	56	75	60	33	32	17

14	17	75	8	72	34	22	65
29	19	19	1	17	65	36	9
69	32	41	67	64	51	70	47
79	12	58	32	21	68	63	29
19	24	45	1	75	43	53	25
41	78	53	0	32	56	4	18
77	72	72	16	40	55	67	5
39	56	54	72	35	23	5	39
26	18	27	34	77	7	62	67
31	61	59	40	67	1	20	30
73	65	32	69	29	76	4	49
35	47	17	71	41	48	17	37
30	68	79	38	24	9	44	42
42	38	11	46	18	26	65	48
74	52	8	55	43	29	30	76
5	36	57	2	46	40	33	79
35	17	20	79	1	37	39	26
38	77	0	4	7	51	27	40
49	56	48	25	38	63	50	59
9	68	8	24	37	78	27	49
19	33	39	31	57	53	22	17
39	26	72	19	45	33	26	33
48	53	48	31	11	58	12	49
80	62	32	2	77	25	55	20
48	51	29	21	29	59	32	16
8	46	59	0	50	54	73	47
19	36	66	80	71	35	64	55
42	31	15	22	13	44	55	79
55	24	4	2	49	71	4	12

19	31	13	44	24	34	43	48
52	6	15	67	37	15	77	14
6	18	4	50	60	1	30	46
29	16	67	41	51	18	13	71
14	25	68	31	14	60	75	38
51	33	31	50	37	17	66	34
58	56	50	50	45	48	67	32
14	36	72	43	15	23	0	51
46	52	60	1	58	69	36	18
60	37	21	25	62	17	25	74
51	68	31	35	52	16	61	4
71	20	63	7	54	50	77	34
41	46	59	29	39	14	31	78
60	26	25	30	4	5	49	70
67	72	6	51	38	79	52	60
18	51	16	61	41	66	32	43
35	51	53	49	56	52	49	10
40	33	57	43	18	23	67	30
38	44	75	77	28	53	70	44
34	27	1	34	16	71	19	55
50	46	53	39	59	80	3	51
57	60	2	54	64	76	23	13
79	12	15	6	4	69	23	62
30	18	68	13	24	16	78	33
61	40	57	21	41	20	71	16
61	28	57	31	13	69	9	59
62	37	2	17	38	71	56	16
40	16	60	40	76	74	73	58
15	21	61	28	49	59	15	75

5	15	52	49	16	45	54	17
7	29	49	65	77	46	62	44
63	47	6	73	32	17	48	36
29	45	34	3	42	79	22	32
20	77	46	44	77	62	12	54
42	49	14	54	66	7	50	19
36	28	58	42	22	8	72	50
20	68	42	16	39	36	78	9

LUCKY FOR LIFE

7	11	45	28	11	**2**
14	11	14	15	22	**17**
30	39	22	47	2	**17**
10	37	28	34	29	**1**
31	25	13	19	13	**11**
18	22	34	35	18	**2**
20	27	14	21	6	**5**
16	35	48	46	35	**8**
4	23	16	40	5	**8**
2	10	36	30	28	**8**
41	10	31	21	37	**1**
6	15	38	14	13	**15**
9	11	44	45	21	**5**
45	17	3	26	2	**12**
4	43	37	27	21	**6**
16	22	27	41	12	**17**
39	45	24	30	30	**2**
13	43	4	39	26	**17**
40	38	28	18	10	**2**
18	26	8	28	9	**14**
38	4	16	35	19	**3**
2	5	46	20	30	**4**
42	5	20	33	6	**5**
13	1	18	6	29	**10**
30	24	20	8	4	**6**
12	6	0	20	16	**10**

45	34	18	1	27	**12**
36	19	45	20	40	**9**
40	4	30	16	5	**7**
38	46	10	2	37	**8**
21	33	27	14	26	**8**
13	40	31	6	40	**2**
18	6	14	8	20	**9**
8	21	36	41	38	**13**
1	9	46	14	30	**18**
19	37	37	34	35	**2**
4	28	42	20	27	**14**
29	33	41	3	3	**8**
1	32	4	43	45	**12**
15	44	15	30	16	**8**
4	31	29	4	3	**12**
10	17	24	5	23	**1**
21	17	33	46	7	**9**
46	11	39	31	4	**1**
40	25	38	17	7	**10**
2	1	20	48	12	**9**
3	23	9	28	17	**1**
47	13	16	18	17	**9**
24	40	4	25	13	**3**
33	16	8	13	7	**14**
42	37	12	12	8	**13**
27	11	11	1	44	**18**
4	6	9	9	17	**14**
6	14	26	18	38	**13**

32	25	20	31	3	**4**
17	18	34	1	46	**12**
18	30	2	48	29	**4**
45	2	24	22	29	**8**
6	40	21	27	26	**18**
36	18	41	40	27	**9**
30	3	27	7	14	**13**
7	24	43	3	22	**10**
6	17	40	46	6	**18**
19	20	33	2	26	**13**
16	26	41	18	7	**0**
41	2	2	23	10	**14**
20	28	5	44	22	**1**
0	37	4	45	7	**14**
46	21	23	9	7	**4**
14	40	25	24	46	**8**
22	11	37	2	32	**1**
1	19	1	18	15	**0**
2	28	33	47	46	**8**
17	29	28	25	19	**5**
32	19	0	46	3	**1**
4	17	25	1	45	**12**
2	32	36	29	43	**5**
30	17	10	24	6	**17**
11	3	37	29	32	**4**
25	43	31	45	38	**8**
38	10	48	29	29	**4**
0	14	9	5	46	**1**

24	14	47	37	11	**1**
41	40	21	27	20	**11**
31	36	9	21	33	**5**
44	28	24	19	43	**13**
39	47	8	20	39	**17**
23	7	23	33	35	**14**
7	5	20	32	13	**9**
25	42	15	25	35	**9**
33	20	11	21	24	**14**
2	4	21	29	34	**1**
27	40	28	24	26	**3**
36	42	10	23	13	**4**
46	20	29	48	0	**18**
41	25	39	38	46	**17**
40	9	27	47	11	**6**
38	19	2	12	33	**2**
45	25	35	4	35	**10**
38	35	3	3	14	**9**
32	47	8	14	39	**7**
47	19	35	37	35	**11**
22	16	37	29	18	**7**
32	18	16	27	5	**6**
8	41	40	47	3	**3**
48	16	38	9	46	**15**
34	25	45	13	0	**6**
36	46	18	15	7	**4**
35	6	28	40	27	**10**
12	39	7	19	16	**9**

39	30	40	6	3	**15**
34	20	25	38	3	**18**
15	3	36	1	36	**12**
11	21	6	42	39	**17**
26	38	10	9	13	**6**
16	20	31	31	1	**7**
14	23	39	15	31	**0**
16	3	29	12	19	**4**
28	5	31	26	2	**6**
38	22	45	13	21	**0**

MEGA MILLION

72	41	75	52	33	**6**
12	37	68	64	56	**3**
67	55	17	31	67	**13**
6	47	49	14	11	**8**
46	67	24	62	56	**4**
8	74	56	56	42	**8**
30	4	17	58	60	**7**
72	0	30	54	68	**6**
50	51	32	8	28	**15**
22	8	63	40	36	**2**
53	47	26	51	54	**1**
20	4	49	4	53	**6**
43	60	59	2	1	**4**
31	57	55	20	15	**6**
10	50	49	10	36	**12**
33	66	13	53	30	**2**
2	8	20	39	46	**13**
9	55	2	30	12	**8**
51	44	63	3	22	**2**
8	28	6	64	52	**5**
56	20	64	57	19	**7**
61	75	61	65	17	**13**
61	10	34	55	26	**4**
45	53	68	54	31	**0**
22	41	70	71	53	**11**
66	73	65	25	4	**1**

10	36	35	31	64	**5**
0	10	36	74	49	**1**
27	4	7	70	31	**10**
32	1	20	20	73	**14**
54	36	27	25	67	**4**
16	36	4	22	71	**9**
17	35	17	19	27	**4**
44	73	29	60	17	**12**
11	75	45	47	49	**8**
23	59	24	69	70	**6**
32	22	41	47	66	**14**
29	18	66	10	52	**4**
53	19	64	56	47	**8**
55	59	49	59	10	**13**
11	42	23	22	43	**5**
35	15	45	10	55	**14**
70	12	1	6	69	**0**
49	69	12	17	26	**5**
32	60	14	30	53	**5**
39	3	74	48	13	**4**
24	28	2	29	39	**15**
12	3	21	1	7	**12**
74	18	22	44	20	**8**
47	5	8	37	27	**3**
41	12	45	12	35	**7**
15	13	72	27	5	**2**
57	74	11	21	26	**7**
56	66	73	36	10	**1**
30	28	33	15	52	**6**

11	23	12	69	58	**8**
36	40	58	11	63	**8**
00	38	34	0	73	**7**
43	44	7	55	66	**2**
28	65	37	3	57	**11**
7	5	41	10	52	**4**
70	60	20	6	73	**11**
71	53	13	26	56	**7**
47	40	56	63	25	**10**
22	49	8	73	16	**6**
55	69	34	21	6	**0**
66	70	59	47	31	**15**
10	44	12	33	74	**10**
64	51	32	27	35	**13**
63	41	53	23	33	**1**
31	39	17	42	51	**4**
29	60	48	33	14	**12**
17	70	53	61	29	**1**
59	24	64	42	74	**8**
44	9	8	16	48	**8**
49	54	30	11	20	**5**
50	45	7	7	47	**7**
7	16	65	75	26	**15**
12	58	34	5	11	**8**
68	48	43	64	41	**4**
32	38	11	51	53	**6**
8	62	37	29	56	**12**
24	9	8	36	5	**13**
58	38	14	46	52	**5**

28	37	50	33	32	**6**
28	67	10	48	44	**1**
24	43	43	18	28	**1**
46	11	19	16	50	**4**
75	42	54	54	37	**10**
60	18	14	6	3	**1**
47	62	71	9	20	**12**
31	8	73	57	44	**3**
1	50	69	47	53	**8**
52	54	54	45	15	**2**
21	3	65	23	68	**15**
28	35	36	43	44	**7**
72	13	3	26	70	**6**
58	55	11	68	27	**12**
66	41	69	33	46	**15**
26	56	27	71	67	**2**
6	2	11	17	7	**14**
7	28	52	54	55	**4**
63	5	19	36	52	**10**
3	1	10	63	20	**4**
54	42	46	1	26	**11**
62	20	51	11	18	**3**
26	49	31	46	4	**3**
74	53	14	5	28	**12**
2	36	58	24	8	**10**
46	46	17	40	22	**7**
25	43	22	38	28	**14**
39	10	4	9	10	**5**
67	14	29	20	26	**13**

14	26	13	61	53	**0**
68	16	63	52	69	**1**
68	41	54	7	28	**3**
39	65	73	47	39	**7**
33	37	16	63	9	**3**
69	27	58	12	73	**15**
30	59	74	74	3	**8**

MISSOURI LOTTO

2	13	22	19	34	5
13	1	40	36	0	40
21	25	16	3	32	4
11	29	19	9	3	13
11	23	26	14	21	41
30	33	21	22	5	33
33	25	42	5	5	43
39	43	29	42	22	26
17	1	26	18	21	17
44	26	34	27	30	12
40	25	36	37	12	13
42	5	29	20	1	13
1	39	11	13	26	21
38	5	44	32	20	26
13	39	34	23	18	5
8	41	14	43	41	32
30	33	9	30	4	32
4	14	15	27	30	17
4	26	15	26	24	38
23	3	24	3	24	33
28	18	24	25	19	18
39	39	37	15	36	27
2	6	25	13	35	24
17	18	1	41	9	42
41	26	36	41	31	36
22	12	44	9	16	23

38	10	1	4	0	41
42	34	30	41	10	0
29	18	24	25	22	17
1	17	7	24	21	13
34	3	9	17	30	11
5	38	36	40	9	22
38	25	13	11	28	20
25	17	39	1	7	0
38	26	34	27	21	27
30	27	10	19	2	18
13	10	9	11	34	16
26	39	34	30	40	1
30	20	15	9	7	3
10	43	37	41	30	39
24	2	14	16	19	30
0	10	33	26	30	6
5	27	30	41	11	18
37	38	32	37	30	29
10	5	1	24	41	17
30	40	32	27	27	32
30	28	18	42	29	16
33	17	28	5	33	15
35	15	37	35	27	7
7	1	17	11	6	42
13	42	16	28	22	25
30	19	7	7	22	38
24	9	42	2	16	8
5	28	38	33	9	15
41	17	19	32	25	20

36	39	40	40	24	38
28	34	34	42	41	9
35	14	34	27	11	44
31	13	37	21	32	22
0	11	29	23	24	25
40	23	36	5	38	16
25	26	16	9	32	23
35	2	21	24	16	24
2	24	17	7	13	2
39	2	36	9	9	8
41	2	22	40	19	24
3	38	25	5	25	31
38	20	25	33	10	20
13	14	24	19	29	34
29	34	35	13	13	37
5	14	0	8	18	43
36	37	41	27	38	13
31	30	4	38	12	39
5	42	14	20	30	5
39	36	20	37	3	41
13	8	31	38	28	30
37	21	37	14	28	27
3	19	19	43	2	10
42	41	12	1	33	0
35	35	3	10	13	26
20	42	25	1	32	13
3	25	31	40	2	2
26	30	39	15	10	30
3	6	16	5	14	43

19	23	28	30	25	42
42	30	22	39	5	12
10	0	29	3	1	41
22	15	38	5	16	21
30	9	25	11	20	17
3	27	3	23	32	28
31	33	44	29	14	26
26	25	4	33	41	14
41	9	4	17	26	32
6	30	2	5	36	24
41	8	17	19	10	5
12	16	26	37	37	8
20	6	15	27	5	28
25	20	6	15	14	40
29	43	43	40	2	25
26	22	5	19	14	9
34	16	24	42	1	2
32	34	20	25	41	10
19	28	39	23	40	28
7	39	5	41	20	39
26	11	23	7	24	29
40	44	25	0	31	32
10	22	33	17	38	19
31	10	28	27	32	6
16	6	19	37	33	24
34	27	32	33	24	12
6	26	11	13	6	13
13	27	34	23	22	24
32	32	15	36	15	26

18	24	14	5	35	34
1	31	39	3	9	38
44	24	40	28	9	31
10	11	29	4	37	3
13	25	33	13	36	39
6	29	39	16	14	3
41	27	18	7	30	10

PICK FOUR

2	2	4	0
0	0	4	5
9	7	4	3
5	5	7	2
2	1	8	7
6	2	7	2
5	8	8	6
6	9	8	7
0	8	8	2
6	4	5	3
9	4	4	6
3	3	3	5
8	9	2	6
1	6	0	3
8	8	6	3
3	5	2	1
5	5	8	6
5	3	6	0
3	3	3	2
1	5	4	6
7	6	3	6
3	7	5	6
4	1	8	5
1	3	3	4
4	9	4	6
4	8	2	5

4	2	3	7
4	4	8	6
8	2	7	4
6	3	2	2
0	8	3	6
5	3	8	2
8	1	9	9
5	2	6	0
5	5	2	7
6	4	6	2
2	1	3	9
5	0	4	3
9	1	2	8
2	1	5	6
8	2	3	2
2	8	5	1
8	4	4	7
6	5	6	0
5	6	5	2
5	5	1	2
4	6	1	1
4	0	5	7
8	6	1	7
8	3	7	6
2	2	2	1
8	5	3	7
4	8	3	5
8	4	5	3
3	1	7	2

5	7	7	6
6	4	6	7
2	6	2	4
0	9	2	3
3	0	9	7
6	5	7	1
8	8	2	4
5	7	6	3
6	1	4	8
2	9	7	7
3	0	4	6
9	7	2	5
6	6	5	2
8	3	6	7
2	5	5	6
8	7	0	2
4	7	8	0
7	7	2	2
6	7	3	2
8	3	7	8
6	3	2	6
3	7	3	2
5	6	2	8
8	2	5	5
1	5	7	1
7	9	3	8
6	2	0	5
2	8	8	5
6	4	1	3

7 7 5 9
8 8 1 6
5 8 3 1
4 3 6 8
3 0 1 8
1 4 7 9
9 8 2 5
1 1 2 4
6 2 2 6
8 5 2 7
4 4 5 9
5 7 2 6
3 6 2 1
4 4 5 0
7 4 4 8
7 9 4 0
5 4 1 5
1 8 8 1
5 6 1 3
3 1 3 3
8 5 0 6
6 6 3 6
2 2 6 8
8 4 1 1
1 6 2 2
2 1 1 8
8 3 5 6
2 7 8 5
0 6 5 6

3 0 8 3

0 8 2 6

6 2 7 8

4 7 8 7

6 5 4 8

6 0 2 7

2 2 6 2

PICK THREE

7	5	5
5	3	0
5	3	6
3	8	5
6	7	5
7	2	9
5	3	9
5	1	2
6	8	0
6	4	0
2	2	6
8	4	6
4	3	2
2	4	9
0	2	8
6	7	3
7	3	8
0	8	5
8	2	2
7	1	4
8	7	2
2	4	7
0	0	3
2	1	1
6	8	4
0	3	3

7	6	5
3	3	2
0	1	0
5	3	0
2	9	1
2	2	8
2	5	4
3	3	5
5	4	9
6	4	1
0	8	1
1	6	5
1	8	4
1	8	7
2	2	1
5	3	6
1	6	6
3	2	9
6	8	9
3	5	6
2	7	9
6	9	7
6	7	6
1	8	9
6	4	7
2	2	3
6	5	0
9	4	2
0	9	6

2	8	9
7	2	2
1	6	6
1	8	6
6	3	8
3	8	3
8	0	9
2	1	4
4	1	8
4	7	1
9	0	1
7	5	7
9	4	1
2	9	9
4	5	2
4	6	7
2	9	0
8	6	2
8	7	2
5	5	5
3	5	4
5	6	9
5	6	1
9	5	0
3	7	5
6	9	5
8	5	7
3	6	1
8	1	2

8 2 7

7 0 5

1 0 7

7 7 7

8 4 5

4 8 2

9 2 0

8 1 1

0 5 7

5 4 6

3 1 2

8 5 4

7 5 5

5 4 7

4 6 8

7 7 5

5 4 7

6 8 7

6 1 1

6 1 2

6 3 9

2 1 1

8 2 0

8 3 4

0 5 3

7 6 5

2 6 5

7 1 5

0 2 9

2	6	2
5	3	4
1	1	6
3	6	8
3	5	7
9	2	7
3	7	3

POWERBALL

64	57	20	25	33	4
24	63	62	31	20	13
59	54	27	68	32	16
3	63	47	24	16	14
51	33	24	64	10	17
68	17	63	50	42	23
17	27	37	16	29	4
52	41	2	56	7	7
6	48	58	37	52	15
22	19	51	12	16	14
36	29	6	2	18	6
69	64	60	23	56	21
68	54	51	49	7	19
54	29	12	56	66	3
38	61	4	52	4	21
47	59	58	30	11	23
54	2	13	40	38	23
15	25	65	17	44	1
55	13	23	40	49	26
65	37	26	57	56	10
15	31	15	36	17	7
42	6	25	28	22	2
41	9	47	24	32	4
58	26	5	29	30	14
65	68	43	11	6	17
44	52	56	23	1	4

27	49	22	7	29	19
47	1	37	36	11	1
35	36	17	38	2	22
32	29	47	67	18	5
38	61	4	30	42	12
27	7	36	41	50	25
52	24	65	3	18	15
65	54	3	23	0	10
31	29	53	48	25	6
40	60	10	10	40	25
37	40	20	27	22	21
32	47	45	21	18	15
21	11	0	40	2	13
47	3	20	56	9	9
60	42	11	8	57	6
32	31	23	65	22	1
19	11	8	53	45	19
66	49	52	25	17	25
61	1	56	16	5	13
69	29	41	34	60	25
59	43	5	36	42	2
5	32	57	12	69	18
36	21	34	69	50	12
44	4	24	6	69	1
24	29	20	34	63	8
15	24	51	39	52	22
37	48	9	57	22	14
21	27	9	52	7	16
8	19	44	39	59	18

66	40	51	10	52	5
45	21	37	50	44	9
51	5	18	35	61	5
11	22	3	35	53	18
61	18	47	44	59	2
4	54	30	31	57	2
54	29	28	29	67	6
54	65	28	8	13	14
25	59	28	1	25	7
64	57	5	61	25	23
4	67	21	53	61	8
62	16	59	41	54	6
31	36	31	11	61	24
38	60	11	47	39	1
2	15	50	64	16	12
20	51	37	44	29	12
19	17	23	5	68	2
42	68	69	62	67	7
36	49	53	31	48	1
36	60	3	64	58	14
27	49	68	10	6	15
16	39	67	45	21	16
49	24	12	24	57	22
59	2	54	5	47	12
3	7	22	58	20	26
25	18	10	6	19	1
50	62	1	60	54	1
60	38	65	17	3	23
63	0	26	62	22	7

64	3	16	29	20	24
38	31	45	43	14	18
11	6	50	2	18	25
59	24	63	31	14	6
35	29	15	27	55	21
52	29	28	68	53	25
25	26	32	12	22	24
57	7	61	36	45	1
43	13	56	55	54	22
54	11	66	39	48	7
55	16	55	55	37	17
40	36	38	12	32	22
26	52	48	29	68	10
2	45	64	63	58	25
66	1	24	46	4	9
16	56	45	21	58	1
12	56	57	69	30	24
24	36	32	65	58	12
62	58	14	21	61	16
5	47	27	60	47	4
52	29	16	34	44	20
55	51	53	48	66	1
54	56	5	20	36	7
30	55	51	11	50	0
62	65	16	10	22	18
3	36	65	62	2	12
66	9	39	31	43	17
39	29	61	36	60	15
25	16	46	34	22	10

61	15	21	58	56	23
59	40	65	45	20	25
42	61	49	7	60	25
44	22	34	37	59	16
14	39	66	18	28	5
24	33	9	5	15	21
39	28	8	61	49	14

SHOW ME CASH

6	18	26	14	19
8	21	22	36	30
17	3	11	4	39
30	5	6	12	1
17	32	33	24	25
4	33	6	32	4
27	3	17	30	20
32	33	14	16	18
25	38	14	24	22
23	25	3	8	5
33	4	6	24	35
31	23	28	21	23
37	7	31	9	6
14	8	13	3	18
6	21	26	13	2
17	37	21	24	33
15	2	8	27	27
37	34	25	28	10
2	27	13	21	11
20	20	31	38	6
15	12	19	24	31
16	38	35	19	21
12	15	30	16	29
2	6	24	24	23
2	8	5	36	37
35	23	30	28	27

30	17	35	13	23
29	37	3	27	23
6	10	13	15	16
4	39	36	17	7
4	1	6	25	13
37	0	2	6	35
3	32	13	25	2
22	9	13	6	36
11	30	4	35	34
30	34	25	25	33
27	23	16	35	26
23	21	7	5	14
17	38	14	36	18
32	38	12	11	16
27	30	28	8	37
23	17	12	26	10
28	37	21	25	2
33	4	8	8	17
32	17	17	30	11
36	28	13	18	37
2	7	2	36	23
29	0	34	10	13
17	26	27	27	31
7	36	24	5	8
20	2	12	26	25
8	26	38	15	5
31	5	9	17	36
12	37	16	36	11
18	12	9	25	18

23	28	9	25	24
13	32	18	10	9
5	20	36	23	33
12	14	21	27	11
37	12	11	15	33
11	36	7	27	30
37	2	16	35	24
8	37	18	19	18
37	13	1	23	35
10	10	2	24	19
6	33	10	32	38
25	24	32	9	21
1	7	13	31	22
4	33	24	26	6
15	15	21	30	4
29	37	29	16	33
0	35	1	38	5
35	33	34	33	20
22	20	1	1	11
10	16	39	11	28
31	24	16	18	17
8	21	16	21	36
5	30	7	33	18
23	36	8	29	8
28	15	27	38	12
34	23	27	20	14
26	16	13	18	2
38	26	1	24	32
14	33	18	13	19

2	19	10	38	26
20	38	17	27	21
30	4	1	33	2
21	13	27	8	22
32	5	26	32	38
6	21	36	4	35
28	27	10	3	14
25	34	36	30	10
19	23	17	34	18
29	38	15	27	26
32	7	6	26	16
32	37	32	13	4
22	25	29	33	6
14	35	23	24	14
1	27	6	6	16
11	8	23	10	23
4	24	29	1	28
26	11	19	6	20
29	16	19	2	11
12	10	31	25	15
11	27	29	11	33
5	14	31	8	20
14	2	21	39	18
15	15	11	20	17
18	21	1	4	14
12	1	33	9	3
33	38	27	37	7
5	0	17	37	4
7	20	26	9	15

25	9	1	39	29
29	10	37	28	35
27	25	18	14	18
19	10	16	28	2
20	5	38	15	39
28	38	7	39	22
38	15	24	11	32

TRIPLE PLAY

43	42	54	14
10	31	9	24
23	51	1	43
50	35	60	20
41	45	6	55
1	14	32	35
51	28	18	16
35	45	41	48
43	43	46	43
50	55	49	58
13	13	21	8
55	29	36	45
16	12	52	40
10	47	37	24
57	56	12	6
10	32	33	56
54	60	15	3
42	33	51	23
59	56	17	8
16	21	8	33
50	24	37	4
13	54	0	36
48	48	59	39
18	32	1	4
58	37	58	55
47	29	57	23

38	0	16	45
45	18	52	38
58	48	29	40
33	18	25	20
24	9	15	17
20	13	25	39
18	33	49	28
50	49	5	29
13	56	0	32
56	57	32	42
13	58	40	57
38	36	55	56
11	3	44	27
25	18	28	0
11	46	37	42
1	32	35	10
59	33	38	8
42	26	8	53
51	13	55	33
16	37	29	32
45	51	29	20
39	44	47	59
4	21	4	40
9	60	3	33
16	8	42	12
59	56	55	8
59	17	6	16
40	53	33	4
54	37	36	12

1	52	45	46
53	12	52	15
21	25	42	11
23	33	10	25
58	8	17	54
33	28	16	48
26	6	25	5
60	33	56	21
38	50	26	27
38	7	20	41
23	40	36	5
29	24	25	40
11	45	29	22
22	34	38	21
16	40	7	19
55	18	35	35
58	31	17	37
11	28	27	51
39	46	11	12
48	57	58	37
6	51	4	8
56	52	30	52
56	33	23	23
46	18	13	22
26	47	31	25
46	51	23	43
25	44	48	18
54	22	53	59
60	17	25	39

57	41	57	31
35	35	1	9
38	34	11	51
23	22	7	23
9	10	28	49
16	16	27	11
16	24	36	59
4	10	42	60
53	39	54	38
38	15	16	12
36	11	58	46
51	11	38	46
24	22	54	0
31	2	10	12
27	11	45	38
40	59	36	21
52	22	13	20
12	19	59	32
31	58	52	23
55	37	12	37
39	50	25	5
26	6	21	54
33	45	37	39
51	21	29	55
51	39	40	8
2	16	13	7
26	59	57	22
38	21	37	31
2	54	9	39

57	48	36	4
42	1	26	31
45	28	15	45
18	36	1	7
57	59	10	33
31	39	17	34
23	36	58	25

SECRET CHART FOR MISSOURI LOTTO

1	2	3	5	7
2	4	6	10	14
3	6	9	15	21
4	8	12	20	28
6	12	18	30	42
7	14	21	35	5
8	16	24	40	12
9	18	27	1	19
10	20	30	6	26
11	22	33	11	33
12	24	36	16	40
13	26	39	21	3
14	28	42	26	10
15	30	1	31	17
16	32	4	36	24
17	34	7	41	31
18	36	10	2	38
19	38	13	7	1
20	40	16	12	8
21	42	19	17	15
23	2	25	27	29
24	4	28	32	36
25	6	31	37	43
26	8	34	42	6
27	10	37	3	13

28	12	40	8	20
29	14	43	13	27
30	16	2	18	34
31	18	5	23	41
32	20	8	28	4
33	22	11	33	11
34	24	14	38	18
35	26	17	43	25
36	28	20	4	32
37	30	23	9	39
38	32	26	14	2
39	34	29	19	9
40	36	32	24	16
41	38	35	29	23
42	40	38	34	30
43	42	41	39	37

Purchase Order for CD

Extreme Loyalty Incorporated

Date: ______________________

PO # ______________________

Anthony Long
Extreme Loyalty Incorporated
2619 Chestnut Avenue
Kansas City, Missouri 64127
816-908-5564

SHIP TO

Name:______________________
Company name:______________
Street address______________
City_____, **State,** _____**Zip code**_____
Phone number______________
Customer Last 4 of SSN________

Shipping Method	Shipping Terms	Delivery Date
Certified	Must sign for CD and show I.D.	7 working days from purchase of book.

Qty	Item #	Description	Job	Unit Price	Line Total
1	Full version CD	Combinations to Missouri lottery games		Price included in purchase of book	0

Subtotal	0
Sales Tax	0
Total	0

1. One copy of CD will be sent to customer 7 working days from date merchant receives request.
2. Enter this order in accordance with the prices, terms, delivery method, and specifications listed above.
3. Please notify us immediately if you are unable to ship as specified at the specified contact number below.
4. Must mail in original receipt with this purchase order and all correspondence to address below.
5. Send all correspondence to:

Authorized by *Date*

Extreme Loyalty Incorporated, 2619 Chestnut Avenue, Kansas City, Missouri, 64127 Phone 816-908-5564 mr.platinum@outlook.com

Printed in the United States
By Bookmasters